印刻
印刻书院

夏天，是时时刻刻给我们心灵慰藉的绿叶。

自然界的 四季

夏

陆仁寿 著

哈尔滨出版社
HARBIN PUBLISHING HOUSE

图书在版编目（CIP）数据

自然界的四季. 夏 / 陆仁寿著. — 哈尔滨 : 哈尔滨
出版社, 2018.10
　　ISBN 978-7-5484-3928-8

　　Ⅰ. ①自… Ⅱ. ①陆… Ⅲ. ①夏季—青少年读物 Ⅳ.
①P193-49

　　中国版本图书馆CIP数据核字（2018）第056535号

书　　名：**自然界的四季·夏**
ZIRANJIE DE SIJI · XIA

作　　者：陆仁寿　著
责任编辑：张　薇　韩金华
责任审校：李　战
装帧设计：吕　林

出版发行：哈尔滨出版社（Harbin Publishing House）
社　　址：哈尔滨市松北区世坤路738号9号楼　　邮编：150028
经　　销：全国新华书店
印　　刷：北京欣睿虹彩印刷有限公司
网　　址：www.hrbcbs.com　　　www.mifengniao.com
E-mail：　hrbcbs@yeah.net
编辑版权热线：（0451）87900271　87900272
销售热线：（0451）87900202　87900203
邮购热线：4006900345（0451）87900256

开　　本：787mm×1092mm　　1/16　　印张：7.5　字数：50千字
版　　次：2018年10月第1版
印　　次：2018年10月第1次印刷
书　　号：ISBN　978-7-5484-3928-8
定　　价：29.50元

凡购本社图书发现印装错误，请与本社印制部联系调换。
服务热线：　（0451）87900278

万物皆有时，
自然即诗意

　　万物生长离不开大自然，人类生存也离不开自然界的万物。我们呼吸的每一口空气，喝的每一滴水、吃的每一粒饭都来源于大自然的馈赠。然而，我们在索取的同时，又能回馈给大自然什么呢？我们仅仅能做到了解大自然，保护大自然，它就会给我们带来更丰厚的礼物了！

　　自然是哲学的。

　　初春，刚冒新芽的小草儿，像一个个保卫边疆的战士，即使是路人一再踩踏，它们也会坚强地挺起来。这坚强不屈的精神和顽强的生命力，正是自然哲学最好的命题。

　　自然是文学的。

　　仲夏，田野上展现出一片沁人心脾的绿，知了是大自然的诗人，树林是大自然的作家，共同谱写大自然的诗篇。

　　自然是美学的。

　　深秋，落叶覆盖了城市和森林的每一个角落。准备过冬的昆虫在离别之际，用生命演唱着最后一个曲子，这天籁之音，给我们带来最深的感动，最刻骨铭心的美丽。

自然是艺术的。

冬天，最美的雪花从天空悠悠散落，为大地铺上了一层厚厚的棉被，覆盖了喧闹，覆盖了嘈杂。只有静静地欣赏它的艺术感。这种艺术感让我们远离城市束缚的气息，让心灵畅快而自由地远行。

《自然界的四季》就是这么一套有关大自然的科普书，内容丰富有趣，语言通俗易懂，处处充满着情趣和诗意，是孩子们认识自然、感知大自然神奇力量的终南捷径。书的主人公是晶德和他的兄弟姐妹。陆先生假借晶德与兄弟姐妹的对话向我们介绍自然界万物，花、鸟、鱼、虫、天文、地理，无不包含其中。想来陆先生应该也是可爱、有趣的人，也只有具有童真的人，才能写出这样充满童趣和诗意的故事。

书中的故事勾起了我对童年的回忆，记得上中学时我们学校有一座自然园，园中有竹子、有池塘、有花、有鱼、有鸟、有虫。奇妙的是这些记忆中的场景竟与陆先生笔下所描绘的情景极其相似，我仿佛觉得自己已然走进了书中，感觉自己变成书中的小主人公晶德又或者是他的弟弟明德，这种感觉真是奇妙，使人乐在其中。

拿起这本书，仿佛可以依稀听到晶德在说话："蜗牛的冬眠，更加精密，它原来负着一个壳，又要掘一个深洞……"又或是明德

在充满好奇心的说着："就请晶德哥哥讲羽色好看的鸟吧!还要请昌德哥哥拣几种没有见过的鸟儿在动物辞典上找一找，给我看一看呢……"

由于本书是民国时期的经典作品，呈现了民国文学的语言特点，民国文学具有承上启下的时代背景，言简意深，高度凝练，个别字词的用法，和我们当代文学略有不同。在本书的选编过程中，对于这些带有民国气息的"字词"，在不影响阅读的情况下，我们予以保留，以便读者朋友能够更真实地体会民国时期的语言风格，发现原汁原味的自然之美。

一本书可以让人满心欢喜，不受时间空间的限制，随时跟着作者的笔迹进入书中的世界,这就是优秀的作品最大的魅力了。《自然界的四季》就是这样的作品，它那种充满童趣的代入感不仅可以将孩子带入一个就在身边的奇妙世界，还可以将已成年的我们拉回到那个无忧而单纯的岁月。

万物皆有时，自然即诗意。希望这本童书可以像首章的标题——金钥匙一样，帮助小朋友们开启一扇探索自然奥秘的大门；同时也期望它能够成为我们的大朋友们找到回到童年的"金钥匙"。

编者

2018年6月

目 录
c o n t e n t s

一　蝶和蛾 / 1

二　蚁 / 17

三　蚯蚓 / 27

四　蚊子 / 34

五　蝇 / 41

六　夏季常见的几种昆虫 / 49

七　蝉和萤 / 57

八　豆和瓜 / 65

九　电和雷 / 72

十　云和雨 / 80

十一　虹 / 87

十二　太阳 / 94

十三　满天星 / 102

一　蝶和蛾

天气渐渐热了。这真是蝶类和蛾类最多的时候。到野外和公园里去游玩的时候，不是看见许多美丽的蝴蝶，在花丛中飞来飞去吗？到了晚上，靠着庭园旁边的窗口，在灯下自修，不是有许多好看的蛾类飞进来，绕着灯扑来扑去吗？

在这种环境里，不自觉地引起了明德研究蝶和蛾的动机。晶德也赞同了。

明德说："蝶类和蛾类是很相像呢！它们的形态，究竟是怎样的？"

晶德说："它们的身体，都可分头、胸、腹三部分。头部，有眼睛和触角。它们的口器很特别，变成一个细长的管子，不用时就卷起来，像螺旋一样；用时就伸出来，可以插进花里去吸蜜，它的构造真是巧妙极了。蛾类的口器，没有蝶类那样发达。我们以前研究过的虫媒花，几乎都是靠蜜蜂和蝴蝶传播花粉的。所以这两种昆虫，对于植物的开花结果，是很有功劳的。胸部，有三对脚和两对翅膀。翅膀的式样很像三角形，并且很大，所以能便于飞的；但是脚很小，所以不便于走了。它们的翅膀，大多是很美丽的，有的还有很好看的斑纹。这是因为翅膀上密布着许多鳞粉，在显微镜里观察，有很多不同的形状。这种鳞粉，很容易落下来，沾到眼睛里去，是很危险的。这种可怕的鳞粉，就是它防备残忍的小朋友去捉捕它或伤害它，而用以自卫的。"

明德说："蝶类和蛾类既十分相像，究竟有没有分别呢？"

晶德说："当然是有分别的。我可以告诉你下面的几种不同之处，你可以随时留心，去分别它们。

（1）蝶类是在白天出来，蛾类是在夜间。

（2）翅膀在静止的时候，蝶类是竖直在背上，蛾类是分展在两旁的。

（3）触角的样子，蝶类是杆状，蛾类是羽状或丝状的。

（4）翅膀上美丽的颜色，蝶类是在上面，蛾类是在下面的。

（5）身体的形状，蝶类是细长的，蛾类要肥大

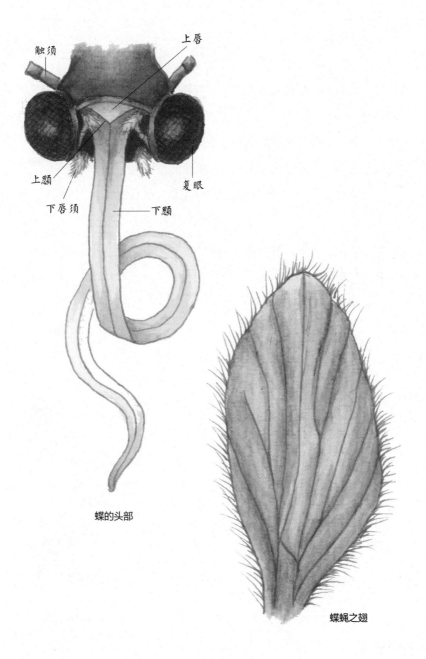

触须　　　　　　上唇

上颚

下唇须　　　　复眼

　　　　　　下颚

蝶的头部

蝶蝇之翅

一些。

（6）从幼虫变成蛹，蝶类只会吐丝挂在树上，蛾类是大多会结茧子的（最常见的便是上星期研究过的蚕）。

这六点是蝶类和蛾类大不相同的地方，小弟弟要区别它们，只要记好这许多异点就好了。"

明德说："上星期研究过蚕的变态，是从卵变幼虫（蚕），从幼虫变蛹，从蛹变成虫（蚕蛾），经过三次变化，变态是很完全的。蚕蛾是蛾类的一种，那么蛾类和蝶类，是不是都会变态的呢？"

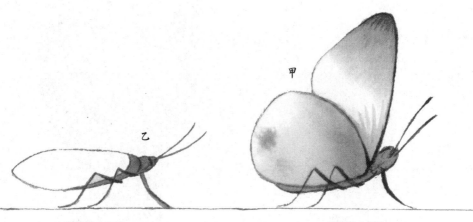

蛾类静止之状　　　　　　　　蝶类静止之状

　　晶德说："蝶类和蛾类，都会变态。它们的幼虫，有许多形色，身体很大，都是吃植物的嫩芽或叶子的。后来，经过许多日子，就不吃东西，蛾类吐丝结茧，蝶类吐丝挂在树上，便变成蛹，动也不动，好像僵死的样子。后来，从蛹变成虫，出来的时候翅膀很弱小，很快就长得同普通的蝶蛾一样了。蝶类和蛾类都是从卵变幼虫，从幼虫变蛹，从蛹变成虫，所以它们都是完全变态。"

　　明德说："蝶类和蛾类，这几天是很多的。常见的究竟有哪几种呢？要请哥哥讲一讲，以后看见，便可以认识了。"

　　晶德说："常见的蝶类有以下几种。（1）凤蝶，体圆长，翅的颜色黄绿或黄。晴天飞徊在花间采蜜，以百合花为最多。夜间或雨天，便静止在树荫下面。采蜜时候，它的翅膀扇动不息。卵常产在柚、柑、枸、

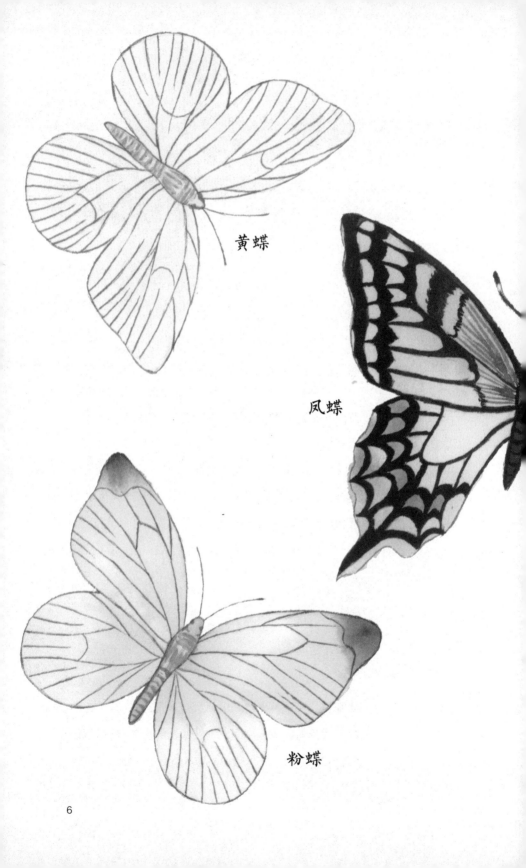

黄蝶

凤蝶

粉蝶

弄蝶

蛱蝶

橘等树上。（2）粉蝶，体细长，翅色白，也有稍带绿色的。它终日飞行花间吸蜜，黄昏时候飞集在近菜园的林木间。卵产在叶的里面，幼虫害食莱菔、芜菁、甘蓝、油菜等叶。（3）黄蝶，体细长，翅色黄。但是常随季节而不同，春生的色黄，表面无斑纹；夏生的色亦黄，边缘有黑色。常飞行花间，独菜花烂漫时最多。（4）弄蝶，体形稍扁，翅色浓褐。夏秋间，飞舞于日中，吸食荞麦、萝藦的花蜜。幼虫害食稻、竹等叶，常牵数叶为巢，而食息其中。（5）蛱蝶，体形长，翅色赤黄，翅缘有波状凹凸。春秋两季，飞翔各处，运动活泼。幼虫害食朴、柳等叶，成长后以尾倒悬于屋檐竹篱及树枝等处，脱皮化蛹。

"常见的蛾类有(1)天蛾,体形肥大;前翅色黑褐,近外缘有多数黄褐的斜纹；后翅色黄，中央及外缘有

天蛾

灯蛾

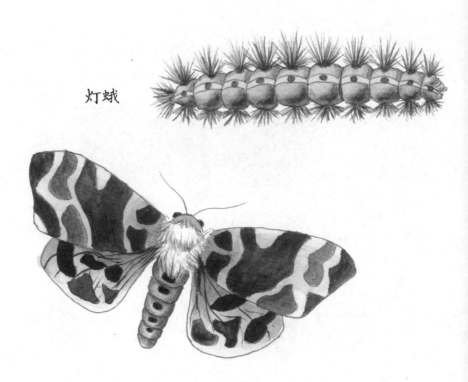

黑褐色阔带纹。常飞行于夜间,性活泼,嗜花粉。(2)灯蛾,体肥大,翅色茶褐,前翅有黄白的网状纹,后翅有黑纹数条。见火即扑,灯火每被扑灭。幼虫害食菊、桑等叶,渐寒,便入土而过冬。(3)螟蛾,体细长,翅色灰黄,外缘有长毛。雌比雄稍大。幼虫叫螟虫,体色黄。栖于稻的叶腋或茎中,蛀食它的髓部,为害很大。(4)蚕蛾,就是以前研究的蚕的成虫。(5)谷蛾、麦蛾、菜蛾是谷类、麦类、菜类的害虫。

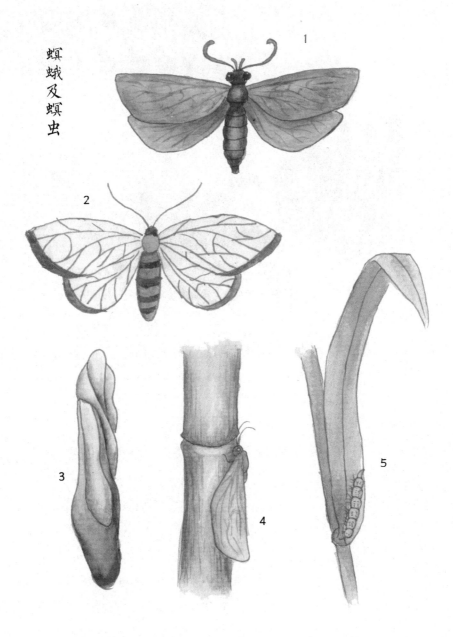

螟蛾及螟虫

1

2

3

4

5

"总之，蝶类和蛾类的种类，真是多极了，有种种的形状，有种种的颜色，这里不能多讲，请小弟弟随时观察随时研究吧！"

　　明德说："我以后遇到不认识和不明白的地方，再随时来问哥哥好了。"

　　晶德说："好的。我这时还要同小弟弟讲两种奇怪的蝶蛾，都是很有趣的，你要听吗？"

　　明德说："当然要听了。"

　　晶德说："印度地方有一种蝴蝶，叫做'木叶蝶'，

木叶蝶

11

它的翅膀，上面是同别的蝶类一样，也是很美丽的，但是翅膀的下面，它的颜色，就同树木的叶子很像。它在树上休息的时候，两个翅膀合了起来，下面木叶的形状就显出来了。从翅膀的前端到后端，有一条黑线，好像一条叶脉。下面还有一个尖头，好像叶柄。远看起来，同真的木叶是丝毫分别不出来的。所以这种木叶蝶，不很容易捉到。不过它喜欢酒气，倘若用酒去引诱它，却很容易捉到。

"再有一种蛾类，叫做'桑尺蛾'，它的幼虫，特称'尺蠖'，颜色灰褐，日间用腹部靠在桑树上，口中吐出一条丝，系在树上，把身体斜立着，它的颜色、形状、位置，都和桑树的桠枝一毫没有分别。尺蠖是很多的，只要到桑树上去寻，恐怕还要给它假冒过去呢。这样一来，它就可以避去鸟类等去袭击它作为食物了。尺蠖在树上行动的时候，很像尺的量物，所以有这个名称。

桑尺蠖

15

"木叶蝶和尺蠖，它们息在树上，都能够十分安稳，人家只以为它是木叶或桑枝，便绝不会去伤害它们了。"

明德说："蝶类和蛾类的翅膀，都很美丽，我们看了很快活。它们长管子一般的口器，很适于采蜜，帮助花儿传播花粉，使它们能够结很甜的果子，给我们吃。这对于我们人类，真是很有益处呢！"

晶德说："这话说得不错。但是蝶类和蛾类的幼虫，都是吃植物的叶子，害处很大，却是美中不足了！"

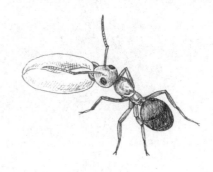

二　蚁

蜜蜂我们是研究过的。蚁，也能集合几千万个，合成一个大团体，分任各种事情，互相帮助，互相依赖，同人类的社会一样。所以，蚁的团体生活，也是很著名的。

明德很喜欢蚁，更加赞成它们有勇敢尚武的精神，不怕强敌，有时为了争夺食物，双方摆起阵势，互不让步，斗争起来。明德有时也做它们双方的挑衅者，用好吃的东西，一面引着黄蚁，一面引着黑蚁，使它们接近起来，战争起来，自己却蹲在它们旁边，用心地看它们谁胜谁负。

这个星期，他向晶德请求要研究蚁了。

晶德说："蜜蜂是研究过的，是昆虫的一种。蚁和蜜蜂一样，也属于昆虫同类。昆虫有六足四翅，这

个知识小弟弟是知道的。"

晶德没有说完，明德便抢着说道："蚁的足是看见过的，但是它的翅膀，却没见过。依我看来，蚁未必是昆虫吧！"

晶德说："不是个个蚁都有翅膀的，有翅的蚁也不是一年四季都有的，只有后蚁和雄蚁，在夏季生卵的时候才有。小弟弟，这两天是它们生卵的时期，你倘若留心些，是会看得见的。因为蚁的翅膀，不容易看见，所以你不要把它们看作昆虫了。"

明德说："哦！我知道了。但是蚁的形状，有没有同蜜蜂相异的地方呢？"

晶德说："蚁和蜜蜂的形状，除翅膀以外，都是很相像的。它们都有头、胸、腹三部分，胸腹中间都有细腰。大家最怕的是蜜蜂腹后的刺，蚁也是有的，不过小些。有人去伤害它们，都能用刺注射毒液，保护自己。它们头部都有触角，蚁的触角更加发达，两个蚁在路上相遇的时候，能够用触角相碰，很像我们人类讲话的样子。至于它们都能合群，都能结成一个大团体，都能在春夏暖热的时候，勤劳地储蓄粮食，预备过冬，更是相同呢！"

明德说："以前研究过，蜜蜂分三种，蚁是不是也分几种呢？"

晶德说："蚁的团体生活，很像蜜蜂。也分三种：一种是'后蚁'，最大；一种是'雄蚁'，小些；一种是'工蚁'，最小。后蚁是雌的，同雄蚁生卵的时候，

蚁

都有翅膀会飞。工蚁也是发育不完全的雌蚁，没有翅膀，也不会生卵。一个巢里的蚁，后蚁大多也只有一个，工蚁是非常的多。工蚁和职蜂相同，做的事情也最多，例如，经营巢穴，搜索和搬运食物，饲养幼虫等许多事情，都是它们做的。工蚁看见食物，就要搬回去；如果食物较大，就招呼许多蚁去搬，可见它们的合群了。

"工蚁防备敌人，比蜜蜂更加厉害，有时为了食物，竟能同敌人战斗。战斗的责任，是由另一种工蚁担任的。有的人，也叫它们'兵蚁'。它们不会造火药，也没有枪和炮，怎样同敌人战斗呢？这全靠它们厉害的口器了。它们遇到战斗，十分勇敢，不肯退让一步。打了胜仗，并不妄杀敌人，不过捉回去，养在巢里，做它们的奴隶。叫它们做事，自己却安息着！"

明德说："蜜蜂和蚁，都营团体生活，可算动物中最会合群的了！"

晶德说："对啊！它们都有好几种，分任各种工作，这叫做'分工'。各自的工作，并不是为了自己，都是替全体做的，我靠你，你靠我，这叫做'互助'。要是有一个蜜蜂或一个蚁，离开了它们的团体，是绝不能独立生活的。它们的团体，像我们人类的一个社会。"

明德说："这两种小小的昆虫，它们能够合群，能够勤劳地过日子，真可以给我们做模范呢！"

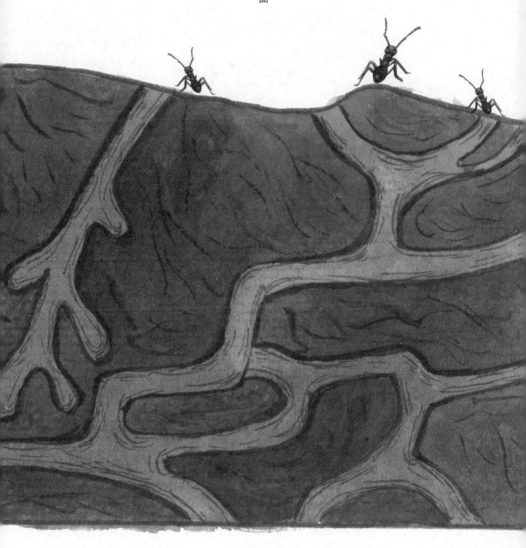

蚁巢的剖面

劫蚁（攻击十字蛇）

晶德说："蚁的种类很多，现在我还可以讲几种很有趣很奇异的蚁，给你听听！"

明德说："上星期研究蝶和蛾，听见哥哥讲木叶蝶和桑尺蛾，真是新奇有趣。就请哥哥讲吧！"

晶德说："一种是'劫蚁'。劫蚁产在非洲，比普通的蚁大些，全身黑色。它们出去，总是成群结队，排的队伍，常有二三寸阔，二三里路长，整齐得同行军一样。它的口器本很厉害，尾部的刺又能放出毒液。它们能够同大蛇开战，并且把它打死。它们爬在蛇身上，一面用口用力地咬，一面把刺用力地刺；还有许多劫蚁，正排队前进，同来助战。大蛇虽很厉害，结果就被它们打死了。

　　"一种是'农蚁'。农蚁产在北美洲，也比普通的蚁大些，全身黄黑，还生长着毛。它们能够种田，收获蚁稻。图中长着许多的稻，很是茂盛。中间高出部分，就是它们巢的门。它们把种的稻分成许多小块，中间还空着许多的路。农蚁种的田，大约有三十尺到六十尺的正方；平时对于杀死害虫和除去杂草，都很注意。蚁稻成熟，便把谷粒搬进巢里去；如果潮湿，会再把它搬到巢外来将它晒干。

农蚁的巢

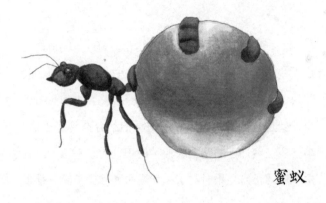

蜜蚁

　　“一种是‘蜜蚁’。蜜蚁产在美洲，穴居土中。巢里工蚁有大小两种，小的司日常职务，动作活泼。大多嗉囊（sù náng）膨大，在某一时期，腹部膨胀形成大囊，囊里面贮藏着许多的蜜。小形的工蚁，到夜间才出巢，徘徊槲树林中，吮吸枝上虫瘿所出的甜汁，贮于嗉囊，归巢以后，就把所吸的蜜，转注在大型工蚁的贮蜜囊里。这种大形的蚁，每群中约有三百个，常用爪悬挂在巢里的顶面，倘若失足下坠，非借别的蚁帮助，是不能回复原位置的，可见它们动作迟缓。”

　　明德听得出神：“这真是闻所未闻呢！”

　　晶德说：“还有一种‘白蚁’，实在和普通的蚁，并不同类。白蚁各地都有，热带地方最多。有人说因为它们喜欢住在没有亮光的地方，所以全身白色。它们用泥土和草木的小片做巢，有一丈多或二丈高，叫做‘蚁塔’。它们一天到晚，蛀食木头，不论器具或房屋中的梁柱门窗，它们都要蛀食。并且它躲在木头里面，蛀成许多空道，外面还一点都看不出。从前有一个岛，岛上本来没有白蚁。后来渐渐有了，它们到了这个新地，蛀食房屋中的木头，没有满五年，岛上所有的房屋，大部分都坍掉了。你想白蚁的本领，厉害不厉害？它们的破坏，可怕不可怕？"

明德听了很惊奇，但是心上却觉得很有趣，增加了不少的新知识。

蚁塔

三　蚯蚓

星期日的上午，明德、晶德、静兰一同在花园里散步，很是快活。明德捉到了一条蚯蚓，这个星期研究的材料当然是蚯蚓了。晶德也很赞成。静兰替明德用东西把蚯蚓包好，可以带到家里去研究。

明德说：“蚯蚓是我们常见的动物，全体柔软，形状细长，两端略细而尖。满身有许多许多的凸纹，这是什么东西呢？”

晶德说：“蚯蚓全体作圆柱形，因为它的身体是由许多‘体轮’所构成，所以有许多凸纹。”

明德说：“蚯蚓身体的两端，略细而尖，一端是口，一端是肛门。究竟怎样分别的呢？”

晶德把蚯蚓放在一个盘里，等它行动，指着一端给明德看，便道：“这一端是口，它里面会有筋肉翻

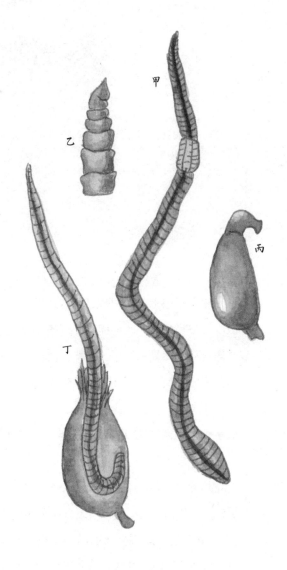

蚯蚓

（甲）全体　　　　（乙）体之一部放大
（丙）卵　　　　　（丁）幼虫出卵之状

出来的，所以同尾端是很容易分别出来的。"

明德说："近前端地方，有数节体轮，色白带红，这叫什么呢？"

晶德说："这几节体轮，叫做'环带'，同蚯蚓的生殖是有关系的。"

明德说："蚯蚓体形细长，一个脚都没有，怎么能够跑呢？"

晶德说："这是因为它腹部一面，生了许多许多的硬毛，走路的时候，靠了全身筋肉的收缩，可以很自然地走。不过硬毛只能帮助它向前，不能后退的。"

明德说："我们看见蚯蚓的皮肤，常常十分湿润，这是什么原因？"

晶德说："这是因为蚯蚓的皮肤，能够分泌出一种黏液，所以格外觉得湿润腻滑了。"

明德把蚯蚓细细观察，不禁疑惑起来："蚯蚓的眼睛、耳朵、鼻子好像都没有的呢！是不是啊？"

晶德说："的确是。因为蚯蚓住在泥土里面，用不到看，用不到听，也用不到嗅，所以它没有眼睛，没有耳朵，也没有鼻子。但是它前端的触觉是非常灵敏的，能够拣疏松的泥土，去做它巢穴的地方。它的巢穴做在泥里，平常是很长的，它就住在里面。白天，它住在泥土的穴里，并不出来；一定要到夜里，才敢攒出穴来，到地面上来寻食。但是遇到下雨的时候，

地面上湿了，那时虽在白天，它也是要出来的。"

明德说："蚯蚓的食物，究竟是什么呢？"

晶德说："蚯蚓的食物，便是泥土。因为泥土中常有腐烂的东西，也含有一部分的滋养料。蚯蚓的口，虽然不大，但是里面有一块筋肉，能够翻出来，把泥土尽量吃到肚子里去，一部分滋养料便吸收了，其余不消化的东西，便变成粪排泄出来。因为泥土中的滋养料是很少的，所以蚯蚓几乎要昼夜不停地吃土，才能够供给它的需要。

"蚯蚓排泄出来的粪，自然仍旧是泥土，但是质地很细致，它的形状，都形成一种屈曲的小土堆，堆在地上。有人特别称这种粪，叫做'六一泥'。"

明德抢着道："这种六一泥，我倒也看见过的。刚才在花园里泥地上，就有很多，可惜我没有带几块进来。"

晶德说："蚯蚓吃泥的工作，据达尔文（世界著名生物学家）精确地统计，说一个蚯蚓排出的六一泥，分布在地面上，平均一年间约厚十分之二寸；照此推算，十年便厚二寸，六十年便要厚一尺。据人考查，说庭园中四方尺的地面，大约有蚯蚓五条，旱田稍为少些。这样多的蚯蚓，有足够的力量把泥土掘松，有那样的力量，所以蚯蚓肥沃土地的功劳，真是大极了。有人叫蚯蚓是小农夫，又有什么不对呢！

"疏松泥土，便可以使田里容易流通空气，和排泄多余的水分，所以对于农作物有很大的益处。虽然蚯蚓有时掘土，也会把蔬菜的嫩芽和幼根吃去或弄伤，但是它的害处终不见得很大的。"

明德说："蚯蚓全身柔软，没有保护的器官，有

没有危险呢？这也是一个很可研究的问题啊！"

晶德点着头说道："是的。它的敌人很多，鸟类和鼹鼠都很喜欢吃它；有的人，常常用它做鱼饵去钓鱼。照这种情形，可说蚯蚓的生命，真是危险万分！但是，蚯蚓有很大的'再生力'，即使吃去了它的后段，前段如能逃脱，将来仍能再生，长成一条完全的蚯蚓。倘若吃去前段，只要不很长，将来也能再生，长成一条完全的蚯蚓。这也是它身体柔软，唯一的消极补救办法了。"

明德说："这个方法真是奇妙呢！它虽没有武器，也能保全它的生命！"

晶德说："动物中有再生力的，却是不多。我们常见的蟹，被人捉住的时候，它也会断去一只脚，赶快逃脱，将来那只脚还是会再生起来的。"

明德说：啊！真有趣。我听说蚯蚓能预知晴雨，对不对呢？"

晶德说："这也是有原因的。大雨的时候，雨水进入了蚯蚓的穴内，空气缺乏，所以它只能攒出来了。它的感觉很灵敏，有时候可以预知下雨，在它的穴口堆了一大堆六一泥，以防雨水流进去。我们看见这种现象，便可以知道下雨。有时雨过了，庭园中常听见一种叫声，人家都说是'蚯蚓唱歌，有雨不大'。其实蚯蚓没有发声的器官，是绝不会叫的。事实上是蝼蛄的声音。蝼蛄常住在蚯蚓的近旁，所以我们都弄错了。当大旱和大冷的时候，蚯蚓便避入泥中，有时可以深至四尺多呢！"

明德说："我从前认为蚯蚓是很平常的。经哥哥一讲，才知道它也是一种同人类很有关系的动物呢！"

晶德说："什么东西都是这样。你能够细心研究一下，便会得到无穷的知识。"

蝼蛄

四 蚊子

夏天真是昆虫的世界，一眼望出去，飞的、跳的、爬的、走的，几乎都是昆虫。像蝶和蛾，它们都很美丽，不是白天在花间飞着，便是晚上在灯下扑着，多么可爱啊！但是，却有两种昆虫，不论何人都讨厌它或怕惧它。这自然是蚊和蝇了。

晶德曾经把这个意思告诉明德，因为要详细一些的关系，于是决定本星期先研究蚊。

明德先要晶德讲蚊的形态。

晶德说："蚊和蝶蛾一般，都是昆虫，它们的身体，都可以分成头、胸、腹三部分。它们也有六只脚，四个翅膀。"

明德说："我看见的蚊，脚是有六只，翅膀却只有一对啊！"

晶德说："这话确是问得对的。它们本来有两对翅膀，我们看见的一对是前翅，它们的后翅却退化成为两个杆状的东西。小弟弟，捉到了蚊，只要把它们的前翅揭开，就可以看见二个退化成杆状的后翅。所以说它们只有二个翅膀，也是对的。"

明德点着头，表示明白。

晶德继续说："蚊的头部，有复眼和触角。胸部有一对翅膀，和三对脚。它的触角和脚，都是很长的。最奇特的，就是它的口器了。蚊是要吃我们血的，它的口变成管状，上下唇相合，大颚和小颚成刀锯状，舌头是一个唳管。它飞到我们身上来，先用刀锯状的

蚊的口器

大颚和小颚把我们的皮肤割开，再用吮管伸到我们皮肤里的血管中来，把血吸到它肚子里去了。所以它的口器，便于吸收汁液，并且是很适于刺蜇的。"

明德说："蚊的发生是怎样的呢？有没有变态？"

晶德说："蚊也经过变态，并且是完全变态。蚊产卵在污水里面，我们有时看见蚊在飞时，向水上一停，又向上飞去，这就是它在产卵了。它的卵，常有二三百粒，合成一块，浮在水面。隔几天，就变成幼虫，名叫'子孓'。全身圆长，约长二分，颜色暗黑，身体各节生着丛毛。头呈球状，触角短，胸膨大，腹分九节，尾端有一个呼吸管。子孓在水中很活跃。常要浮到水面来，头向下，尾向上，用呼吸管呼吸空气。它在水里活动，作扭曲的形状，很像打拳的样子。子孓在污水里，吃腐物为生。再隔二十多天，就变成蛹。蛹的头胸二部，合成一个大椭圆块，不吃东西，腹部仍会活泼泼地游泳。再隔十天，就脱壳变为成虫（蚊）了。初出时还不会飞，立在蛹的壳上，等翅膀干燥；这时倘若水一动，就要跌下去淹死的，所以蚊只能生在不流动的水里就是这个缘故。"

明德说："蚊子的害处，真是大极了。这夏季里，成群结队，来吸我们的血。被它咬了以后，为什么十分痛痒呢？"

晶德说："被蚊咬的地方，会生出一个红块，觉得又痛又痒。这是因为它吸血的时候，还要放射一种毒液，把我们体内的血冲淡了，它才能吸食。我们的肌肉，给它放射到毒液以后，便要肿胀起来，非但很痛，并且很痒。

"蚊白天多隐伏在草里和室中暗处。静止的时候，翅膀折叠在背上。不过，吃我们血的，不是雄蚊，全是雌蚊；一到夜间，便结群飞出，蚕吸人畜的血液。雄蚊不吃人畜的血，不过吸些草木的汁液罢了。"

明德说："听说还有一种疟蚊，能够传染厉害的疟疾呢？"

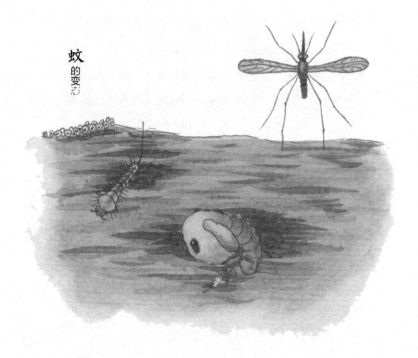

蚊的变态

常蚊

疟蚊

晶德说："蚊可分'常蚊'和'疟蚊'两种。常蚊是我们日常看见的，给它咬了，生一个红块，痛痒一刻就完了。疟蚊呢，它非但使我们要痛要痒，还要传染厉害的疟疾。它才从害疟疾的人身上吸了血，微生虫进了它的口，它又飞到不害病的人身上去，就把微生虫送到了他的皮肤里，这个人就也要害疟疾了。"

明德说："这种微生虫，究竟是怎样的呢？"

晶德说："这种微生虫就叫'疟虫'。形状和变形虫相似，寄生在我们人体的赤血球内，于是就发生疟疾。它在疟蚊的唾腺内，疟蚊咬人的时候，随着唾液传染到人体里面来。生这种病的人，赤血球给它破坏，那时人体便发生很高的温度。当它在赤血球里将要分裂的时候，病人就觉得冷；等到分裂以后，便又觉得热了。它的生殖期间是不一定的，有的是二十四小时，那就是间日疟疾；有的是四十八小时，那就是三日疟疾；有的是七十二小时，那就是四日疟疾。生疟疾的人，可以吃一种特效的药，那便是金鸡纳霜。南洋群岛中，爪哇岛是全世界金鸡纳霜出产得最多的地方。"

明德说："常蚊和疟蚊，究竟有些什么不同？能不能把它们区别？"

晶德说："是有方法可以区别的，大概有四种：

（1）常蚊休息时，头向前，身体是平的；疟蚊休息时，头向下，身体是直立的。

（2）常蚊翅膀上没有斑纹，疟蚊翅膀上有暗褐色的斑纹。

（3）常蚊的子孓，在水中头部垂下；疟蚊的子孓，在水中和水面略相平行。

（4）常蚊的卵互相集合，疟蚊的卵各自分离。

根据这四种异点，把常蚊和疟蚊，细细地观察研究，也是很容易分别的。"

明德说："给哥哥这么详细地一讲，倒非常明白了。以后随时留心，可以对疟蚊特别地防备了。但是，驱除蚊的方法，究竟有哪几种呢？"

晶德说："要除掉蚊，最好要从根本方面着想，因为蚊是产卵在污水中的，所以一定要把水缸、水沟、水槽等许多容易蓄积污水的地方，完全除去，那么蚊便不能到里面去产卵了。

"蚊的幼虫和蛹，也都生活在水里面，可用石油洒在水上，使同空气隔绝，它们浮到水面，便不能用呼吸管呼吸空气，也就活不成了。

"至于成虫，便用蚊烟或蚊烟香等刺激的东西熏着，虽然不能把蚊杀死，但可以把它驱除掉，使它们不来咬我们。"

明德笑嘻嘻地说道："驱除的方法很多，最好还是使它不能产卵，那么一切就都解决了。"

晶德点着头："对啦！我们下次便来研究蝇。它们虽都是小小的昆虫，对于人类的害处，却真是大呢！"

五　蝇

上次研究蚊，今天研究蝇。

晶德先同明德讲蝇的形态，道："蝇是昆虫，它的身体，也分成头、胸、腹三部分。头部很灵活，能够转动，有很大的红色复眼，头顶有黑色短触角一对。胸部有三对脚，和一对翅膀，也和蚊一样，后翅退化成为两个杆状的东西，只要把前翅揭开，是很容易看得见的。它的脚上，有钩爪和吸盘，在很滑的玻璃上，也能行走，不会跌下来。它还能够倒立在天花板上，它飞的时候，怎样会翻转身来，倒立上去，现在还没有人观察明白呢！

"它的口器，也同蚊一样，非常奇特。蝇是很贪吃的，室内有甜味的食物，它们便丛集不去。性情顽硬，很不容易驱逐掉。口器呈吻状，可以活动，容易吸收汁液，适于舐尝，遇到固体食物，能够吐出口涎来溶解它，这种构造可以说是很合于它生活的。"

蝇的口器

明德说："蝇的变态是怎样的呢？"

晶德说："蝇的产生，也是完全变态。它的生殖率，比蚊更高更快。它

蝇的变态

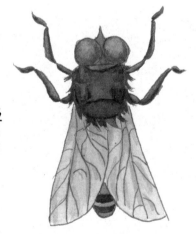

经常把卵产在污秽和腐败的东西上，每次产卵一二百粒，不用一天，卵就会变成幼虫。幼虫白色，体形圆长，无头无脚，名叫'蛆'。不满一星期，蛆就变蛹，蛹椭圆形，赤褐色。隔一星期，就变成虫（蝇）了。不要隔几天，它又能产卵了。一个夏天，有的蝇竟能产十代子孙，把它生殖的数目计算一计算，那真是可怕呢！"

明德说："蚊有常蚊和疟蚊两种，蝇有没有种类呢？"

晶德说："蝇的种类很多，最普通的有几种：

"家蝇，就是我们最常见的一种。体呈卵形，颜

 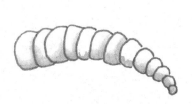 

家蝇

色黑褐。腹部分四节，背面有黑色直纹四条。白天丛集食物上面，夜里便伏在壁上，或承尘板上。幼虫常产在马粪中间。

"青蝇和金蝇，全体金绿色，是最易分别的特征。头部黑，复眼大而红。触角的末端，成为羽状。腹部圆，密生细毛。多见于人畜的粪旁。体形大的，叫做青蝇；体形小的，叫做金蝇。

"牛蝇，体褐色，被黑毛。头大，触角小，复眼也小，更有单眼三个。翅色苍褐。多见于牛棚中。雌的产卵在牛的皮肤上，必为牛舌所不能舐刷的地方。幼虫色白，尾部大。孵化时，牛的皮肤开一个小孔，为它呼吸。头向内，尾向外。幼虫成熟时，出小孔，

青蝇

牛蝇

蚕蛆蝇

落在地上，便化成蛹。隔二十多天，再化成蝇。盛生的时候，为牛的大害。

"蚕蛆蝇，体色灰黑，胸背有黑线纹几条。卵产在桑叶上，蚕吃桑叶时吃了它的卵，便在胃中化为幼虫，叫做'蚕蛆'，吸蚕的养分而生活。有蚕未做茧，它的蛹已成，致蚕早死的。有蚕已做茧，毙了蚕蛹，蛆便破蚕茧而出的，这种蚕蛆后来也化蛹成蝇。所以它是著名的蚕业方面的害虫。

"寄生蝇，它们常常生在害虫的卵上或幼虫的身体里，夺取它们的养料，结果杀死了害虫，而对于植物便有了益处，间接也就有益于我们人类了。"

明德说："蝇是有很大的害处的，但中间竟有这种寄生蝇，会有益于我们人类，这倒也奇怪了。至于蝇的害处，却还要哥哥讲一下哩！"

晶德说："蝇是最喜欢不洁，又十分贪吃的昆虫。它到污秽的东西上去，脚上就带了许许多多（少时也有几百，多时竟有几千几万）的微生虫，后来再飞到我们的饭菜上、瓜果上，就把脚上的微生虫放在上面，我们不知道，吃了这些水果和食物就要生病了。蝇传染的疾病，最多的有几种，都是很可怕的。

（1）霍乱，是霍乱细菌侵入血管而起。病发时，呕吐很厉害，并且下痢。手指螺纹凹陷，眼窝陷没，并且全身厥冷，以致虚脱而死。

（2）伤寒，是伤寒细菌侵入肠中而起。初起头痛项强，发热恶寒，不思饮食；其后发热不退，神识昏迷，险象迭见，治疗很难。

（3）痢疾，是赤痢细菌侵入肠中而起。病者下血液黏液之痢，重的发热，下痢的次数，从三四十回以至百回左右。

这些病症，都是很危险的。害病的人，排泄的粪便被蝇舐食以后，便留在它的脚上，把病菌传染出去，使没有病的人，也传染到那些很可怕的病了。据最近有人研究，非洲发现了一种'睡眠病'，被传染的人昏睡而死。这种病的病源细菌，最初是生在鳄鱼身上的；有一种蝇，从鳄鱼体上传染到人体上来，便生可怕的睡眠病了。"

明德听了，既很惊异，又觉奇特，连忙说道："蝇的害处，既然这么大，那么怎样可以除掉它呢？"

晶德说："要除掉蝇，最好的方法是清洁，因为它喜欢龌龊，清洁了它就没有产卵的地方了。或者用药品杀掉它的蛆和蛹，或者用蝇拍或捕蝇器杀掉它的成虫。食物都用纱罩盖好，生冷或腐烂的东西不去吃它，自然就不会受它的害了。"

明德说："这两个星期，哥哥把蚊和蝇都同我讲明白了。它们都是很小的昆虫，但是它们的害处都很大，传染许多可怕的疾病，生殖又是那样地容易，真可算我们的大敌了！"

晶德说："我们都知道豺、狼、虎、豹，是最凶猛的兽类，但是这两种小小的昆虫，蚊和蝇，要是不去除掉它们，恐怕比豺、狼、虎、豹，还要可怕百倍呢！"

明德说："现在夏天，到处都是可怕的害虫，对于卫生方面，真要特别地注意才好呢！"

晶德说："豺、狼、虎、豹，大家都知道防的；蚊和蝇，却是会疏忽不防备的。小弟弟，要格外留心才好啊！"

六　夏季常见的几种昆虫

天气越加炎热，一切都是夏季的景象。这个星期日，姨妈到明德家里来看他母亲，俊生哥哥和丽贞妹妹，跟着同来。明德和俊生，年龄相仿，仅仅差几个月。他们已经多时没有来，明德正盼望着姨妈能够带着他们同来，今天自然十分开心。晶德和静兰也来问候姨妈。昌德和静莲，也一同过来。一家人热闹异常。

明德问俊生和丽贞说："我们每个星期都研究自然，晶德哥哥做讲师，静兰姐姐有时做助教，我和静莲姐姐做研究生，昌德哥哥先生学生都做。我们把自然界，做活的课堂，有什么问题，随时便询问，真是有趣。倘若有很难的问题，便去问叔叔。"

俊生笑嘻嘻地说："这倒真是有趣。你们最近研究些什么呢？"

明德说："最近我们研究昆虫。像蜂和蚁，它们能团体生活，一天到晚辛辛苦苦做工。蝶和蛾，它们在白天或晚上采蜜，替植物传播花粉，结成果子。蚊和蝇，它们都有很便利的口器，寻找食物，对于人类都有很大的害处。"一面说着，一面又向晶德问道："今天我们研究些什么呢？"

俊生抢着道："夏季常见的昆虫，是很多的。除掉那些研究过的以外，再请晶德哥哥讲几种吧！"

昌德、明德、静莲，都不约而同地拍手赞成。晶德也点着头。

静莲接着道："我要请晶德哥哥先讲蚱蜢，我昨天还捉到一个，现在养在家里。"

晶德说："很好。蚱蜢，全身绿色，头部灰色，触角短。它的两对翅膀，形状是不同的；前翅小，质硬；后翅大，质软，透明，像一层薄膜，上面有许多脉纹。不飞时，后翅折叠起来，盖在前翅的下面，所

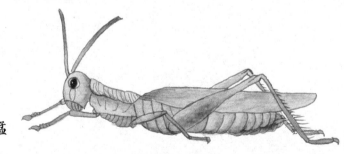

蚱蜢

螳螂

以只看见前翅；要到飞时，才可以看见后翅。它的三对脚，前二对短，后一对很长，所以善于跳跃。它终日在田里跳东跳西，吃着稻叶，对庄稼害处很大。"

明德说："螳螂是怎样的呢？"

晶德说："螳螂全身绿色，形状细长，头很小，触角长，眼睛突出，头可以转动。它的两对翅膀，和蚱蜢相同。它的三对脚，第一对变成镰状，第二对短些，第三对很长。它看见了小虫，能轻轻地走上去，趁小虫没有发现，就很快地把镰状的脚斩下，小虫没有能幸免的。它的腹部很大，常有一种线状的寄生虫寄生在里面，有的人说螳螂肚子里有小蛇，就是这种寄生虫。它产的卵，包着一层很厚的壳，我们在树上常常看见一个褐色的硬块，这就是螳螂的卵。"

明德说："还有一种晚上常飞到屋里来的蝼蛄，也要讲一下！"

晶德说："蝼蛄，从前研究蚯蚓时，已经略略讲过。它的身体圆长，背面褐色，腹部黄色。触角短，身体上有许多粗毛，尾端有两个尾毛。它的两对翅膀，也和蚱蜢相同，不过前翅很短罢了。它的三对脚同螳螂一样；不过第一对变成锄状，第二对短些，第三对很长。它的锄状的前脚，能够掘土造穴，捕捉小虫，很有益处；不过有时要掘伤植物的根，并且咬断它，那就有害处了。雄的在夏天黄昏时候，叫得很好听，有人以为是蚯蚓叫，其实就是蝼蛄。"

丽贞也道："我还看见一种半圆形的小甲虫，不知叫什么名字呢！"

晶德说："那种甲虫，叫做瓢虫。全体是半球状，头短，触角也不长。它的二对翅膀，前翅很硬，角质；

瓢虫

52

天牛

后翅很软，膜质；前翅鞘状，把后翅完全套在里面。它的三对脚，都不很长。最喜欢捕食蚜虫，很有益处。瓢虫的种类很多。最好玩的，就是它鞘翅上的颜色，有的是红色黑斑，有的是黄色黑斑，有的是黑色黄斑。它的斑点都呈圆形，在大半圆形的鞘翅上，密布了许多小圆形的颜色斑纹，是多么美丽呀！"

静莲说："还有一种长角的天牛，是怎样的？"

晶德说："天牛体长，颜色暗绿，头部方形。它的触角鞭状，共有十一节，比它身体还要长。它的二对翅膀，同瓢虫相同，前翅鞘状，后翅形大透明。三对脚细长，上面有许多灰色短毛。七八月里，天牛常在桑和无花果等树旁，把树干穿成一个深的洞，产卵在里面，将来卵变幼虫，就把树做食料，害处很大。它从卵化蛹，几乎要费三年，你想长不长呢？"

丽贞道："蜻蜓是怎样的？"

蜻蜓

晶德说："蜻蜓有一对大眼睛，颈可转动。胸部有翅膀二对，都是膜质，上面有许多脉纹，静止时是平披着的。有三对脚。腹部很长，可以弯曲到口旁。口器很发达，能捕食蚊蝇和小的蛾类。蜻蜓很活泼，喜欢结了群在天空中飞，将雨的时候更加多。它的卵是产在水里的，我们有时看见蜻蜓飞到水面，用尾向水上一点，又飞了去，这就是它产卵了。它的幼虫叫水蛆，在水中也会捉小虫的。"

昌德说："有一种寿命很短的蜉蝣，也要研究一下才好。"

晶德说："蜉蝣的身体细长而柔软，色绿褐。头小，口器退化，触角很短。它的两对翅膀，前翅大，呈三角形，后翅却很小。它的三对脚，第一对很长，其余两对短些。尾端因为有长毛三条，所以格外觉得身体长了。它的幼虫，住在水里，很活泼，大约要隔三年，才会脱皮，变成成虫；但是它的成虫，只能在黄昏时候，在水边乱飞，产了卵，没有隔几小时，就死了。寿命这样地短促，你想奇怪不奇怪呢？"

讲到这里，静兰跑来说："母亲叫你们进去呢！"

晶德便结束道："刚才讲的七种夏天常见的昆虫，它们的变态，有的完全（瓢虫、天牛），有的不完全（蚱蜢、螳螂、蝼蛄、蜻蜓、蜉蝣）；有的是害虫（蚱蜢、天牛），有的是益虫（螳螂、瓢虫、蜻蜓），有的有益有害（蝼蛄），有的无害无益（蜉蝣），真是有趣得很的。"

一面讲着，一面快活地进去了。

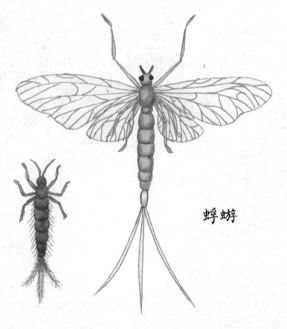

蜉蝣

七　蝉和萤

　　上星期研究夏季常见的几种昆虫，大家都觉得很有趣。

　　夏季的太阳，十分炎热，没一个人不怕它。这时树上却有一种昆虫，高声叫着，声音传到我们耳朵里来，很觉爽快。这便是蝉。到了晚上，太阳躲到西山背后，大家都要到园里去纳凉，这时也有一种昆虫，飞来飞去，闪烁发光，很是好看。这便是萤。因为蝉能发声，萤火虫能发光，所以这两种昆虫，小朋友们都是知道的。

　　上星期还没有研究过，所以本星期明德一定要晶德研究蝉和萤。

　　晶德先讲它们的形态："蝉和萤，都可分头、胸、腹三部，有六足四翅。蝉色漆黑，头部又短又阔，眼睛生在头顶，触角很短。它的身体很粗重，足小，走路不便；翅膀也小，后翅更小，不能远飞。萤色褐黑，头部隐在胸下，触角长。二对翅膀，前翅鞘状，后翅形大透明，方便飞翔。"

明德说："它们的变态是怎样的呢？"

晶德说："蝉的变态是不完全的。它产卵在树枝上，这树枝便枯萎；卵变幼虫，就从树上爬下去。伏在泥土里，吸食树根的汁液。将要变态时，再出土爬到树上，脱壳变成成虫，幼虫在泥土里的时期是很长的，要好多年；最长的一种，叫做十七年蝉，竟有十七年呢。

蝉

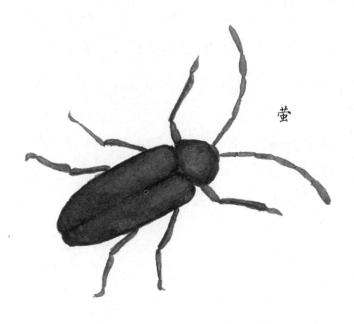

萤

　　"萤的变态是完全的。它的卵都产在水边的草上，黄色，已经有微微的光。从前人以为萤是烂的草化成的，这是他们观察得不精细，因此错误了。卵隔了一日，就变幼虫，都住在水边，体有许多节，在夜间能节节发光。等到幼虫变了蛹，也能发光。后来变了成虫，发的光自然更亮了。萤白天躲在草丛里，晚上才出来，它最喜欢近水的地方。夏天晚上，我们走到池塘旁边，看见无数的萤，飞来飞去，好像点点的流星，映在水里，真是好看极了。"

　　明德说："蝉能发声，萤能发光，它们平日的生活，吃些什么东西呢?"

晶德说："蝉的口器，延长形成吻状，能穿入树中，吸树的汁液生活。从前人说蝉是吃露水的，这就错了。蝉的幼虫和成虫，都要吸树木的汁液，所以是害虫。

"萤的口器尖，便于咀嚼。它的幼虫和蛹，都能捕食小虫，有益农家，所以是益虫。"

明德说："蝉在树上，临风高歌，声音很像'知了'两字，真是有趣。"

晶德说："所以也有人叫蝉是'知了'。"

明德说："它怎样会叫的呢？有人说它的声音，是从它口里发出来的；有的人说，是它的翅膀摩擦出来的。说得对不对呢？"

晶德说："这都说得不对。原来它的声音，不是用口，也不是用翅，其实是它腹部上面另有特别的'发音器'的缘故。这个发音器，在腹部第一节的地方，张着一层薄膜，叫做'鼓膜'，由强大的筋肉把它振动，就可以发生声音。发音器外面有'鳞盖'二片，做保护的用途。鼓膜旁边，有一个空囊，伸缩起来，声音因此就有高低了。"

明德说："萤的尾端会发光，像一点一点的火，又很会飞，真是有趣。"

晶德说："有人叫萤'游火虫'，就是这个缘故。"

明德说："它怎样会发光的呢？有的人说它尾端含有磷质，有的人说是尾端的关节摩擦的缘故。说得对不对呢？"

晶德说："这也都说得不对。它的发光，另有一个'发光器'。我们捉到了萤，细心观察，可以看见它腹部末一二节颜色暗黄，和别节不同。因为这处地方的细胞里，含有一种同磷相似的脂肪，周围通着许多气管支，气管吸了空气，通到气管支，那空气中含有的氧气，同脂肪触着，两相化合，就能发出光来。因为它吸的空气有多少的关系，所以它的光也忽亮忽暗了。"

明德说:"萤的光,倘若有人能够利用它,制成了灯,在灯下读书做事,倒是很好的呢!"

晶德说:"对啦。萤发的光,同普通的光,大不相同,不发火焰,也不生微热,并且略带青色,倘若利用它制成了灯,却是很合适的。从前有一个人,曾经利用它读书。你知道他的姓名吗?"

明德想了一想,便抢着说道:"这个人叫做匡衡,因为家里很穷,晚上要读书,又没有灯火,他就捉了许多萤,藏在一个薄纸袋里,照着读书。哥哥,对不对啊?"

晶德说:"对的。他早已先我们知道利用萤的光,不过他的灯很简单罢了。墨西哥有一种萤,长一寸多,有两个发光器,一在胸背两端,一在腹部,发的光自然格外明亮。土人常常捉了它养在笼里,做成一盏灯,晚上出去就用它,有时还当作妇人的装饰品用,真是有趣极了。"

明德说:"蝉的鸣声,萤的发光,在夏季昆虫中,真是最好玩的了。"

晶德说:"蝉的鸣声,在昆虫中要推它算最高了。会叫的是雄的,用它的鸣声,来招引雌虫。萤的光,在昆虫中真是没有同它一样的了。雄的和雌的都会发光,不过大多是雄的比雌的亮。"

63

　　明德说："蝉的鸣声，和萤的发光，很容易引人去捉它们，对于它们实在是有害无益的呢！"

　　晶德说："我们去捉蝉的时候，它便不发一丝声音，从这棵树飞到别棵树上去了。萤遇到敌人去捉它，它发的光就格外亮，想去恐吓敌人。但是人们却因为它的光格外亮，便格外想要去捉它，那就反受光的害了。"

　　明德和晶德研究完了蝉和萤，便一同回书房里去了。

八　豆和瓜

　　夏季植物方面，豆类和瓜类是很繁茂的。明德想趁星期之暇，到田野里去采集些昆虫，带到家里来饲养。同时，请晶德把豆类和瓜类研究一下，随时在田野里实地观察。

　　在上午就出发，天气可以凉些。同行的有明德、昌德、晶德和静莲，静兰要帮母亲做家务，没有参加。

　　晶德说："豆的种类很多，但是用途最广，并且在田野里最常见的，便是大豆。"

　　昌德随手在田里拔了一株大豆，递给晶德。

　　晶德用手指着大豆的各部分，开始讲道："大豆的叶，在叶柄上生着三个叶片，是复叶的一种。花冠紫色，花瓣五片，排列形成蝶形，称为蝶形花。结成果实是荚，熟了能够自己裂开。内有种子数粒，色黄，所以也有人称大豆叫黄豆的。"

静莲问道："大豆的种子，是最富养分的，在营养方面的价值是很大的吧？"

晶德说："说得很对。大豆的种子，都供食用。在它尚未老熟的时候，采了下来，可作蔬菜，俗称青豆子。成熟收获以后，可以用它制酱，是我们主要的作料；用它榨油，是日用方面最重要的油；或制豆腐，是价廉物美、最是滋补的食品。"

昌德说："豆类的花冠，好像都是蝶形的吧？"

晶德点着头，明德又问道："什么叫做蝶形花呢？"

晶德说："豆类的花，都有五瓣，最上一瓣形状最大，叫做旗瓣；下面两瓣，分列左右，叫做翼瓣；最下面两瓣，形状最小，叫做龙骨瓣。五个花瓣合起来，很像一只蝴蝶的形状，所以叫做蝶形花。"

明德说："豆类是很多的，就请哥哥把田野里看见的几种，提出来同我们研究一下吧！"

晶德说："豆类中花期和大豆略同的，有赤豆、绿豆、豇豆、扁豆几种。花的颜色，各各不同；赤豆的花黄色，绿豆的花绿黄色，豇豆的花淡绿带紫色，扁豆的花白色或紫色。因为大豆的花，比其他豆类的花小很多，细细观察，是很容易区别的。"

明德说："豆类中也有花期比大豆较早的呢！"

静莲抢着说道："我知道的，那便是蚕豆和豌豆。"

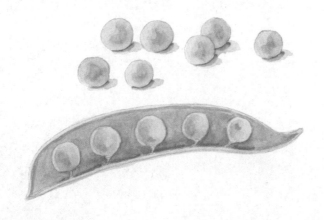

晶德说："说得很对。它们开花，都比大豆来得早。蚕豆的花，白色而有黑斑，豌豆的花白色。"

昌德说："这些豆类的种子，都可以供食用，用处真大。"

晶德说："大豆的用途刚才已说过了。其余的豆类也都可以吃。赤豆、绿豆、扁豆、豌豆，常常用它们烧在粥里，有时也用它们制糕。赤豆富含铁质，绿豆质地清凉，都很适合食用。豇豆常常作为蔬菜。蚕豆的用途更大，有种种的吃法，不过次于大豆罢了。总之，豆类富含养分，同我们人类，真是有很大的关系呢！"

他们走了一阵，又看见许多瓜棚。

明德说："田野种的丝瓜很多，我们就先研究丝瓜吧！"

晶德点着头。大家都跑到瓜棚的近旁。晶德说："丝瓜的茎，不能直立，用茎旁的卷须，附着他物，使茎上升。叶大，叶柄长。花冠黄色，有雄花雌花两种。花下有萼。花冠上部分裂，下部连合。雄花有五个雄蕊，雌花有一个雌蕊。子房在萼和花冠的下面。"

静莲说："丝瓜的用途也很大吧？"

昌德说："你看，丝瓜的形状长圆，果皮深绿，果肉白色。它的果肉，都来作为蔬菜。最有用的就是它老枯后有强韧的纤维，可用来洗擦身体或器具，也有人用它做鞋底。"

晶德说："说得很对。你看，丝瓜的果实，不是长得很有趣吗？"

明德说："丝瓜的花，倒是很特别的，怎么会有雄花和雌花两种呢？"

晶德说："瓜类的花，几乎都有雄花和雌花的分别。雌花的下面，有一个长形的小果实，所以同雄花很容易区别。从前研究植物花粉的传播，不是讲过雌雄花分开以后，就很难自花受粉吗？"

静莲说："瓜类很多，也同豆类一般，请哥哥把常见的几种，同我们讲一讲吧！"

晶德说："黄瓜，比丝瓜开花结果来得早。果实长圆，有刺，可供食用。起初是青绿色，成熟以后便变成黄色，故称黄瓜。"他又指着瓜棚上留种的几个

又粗又大的黄瓜："你看，那几个便是黄色的了。"

明德说："我从前不明白为什么要叫黄瓜，现在却懂了。"

晶德接着道："甜瓜，又称香瓜，形状椭圆。果皮大多黄色，味很甜，可以生食。

"西瓜，多数形圆。果皮绿色，有深蓝条纹。果肉有黄白红等色。饱含水分，吃了可以解渴，大家在夏天都吃它。种子可以炒食。

"南瓜，形状很多。果肉黄色。可以煮食，有人叫它饭瓜，就是因为这个缘故。种子也可以炒食。

"冬瓜，形状长圆而粗大。果皮绿色，老熟时上面生有一层白粉。果肉白色，可作蔬菜。种子可供药用。"

昌德问道："有一种葫芦，听说也是一种瓜类，对不对呢？"

明德抢着回答说："我很喜欢葫芦。形状长圆，腰细，两端膨大，真好玩。我们家里，不是还有一个吗？"

晶德说："葫芦也是属于瓜类，形状很有趣。可惜果肉薄，不能供食用，果皮色淡绿，老枯后，漆上各种颜色，可以用它贮藏东西，或者作为玩具。我们家里有一个，漆了红色，小弟弟不是很喜欢它的吗？"

昌德说："今天我们到野外来，研究了不少的豆类和瓜类，真是增加了不少的知识。"

他们一路回去，还研究着豆类和瓜类的种法哩。

九　电和雷

　　暑假很近了。雷雨已经过了好几次，天空中的电光和雷声，厉害的时候，使人恐惧。明德当时就要研究电和雷，晶德一因校里考试很忙，二因试验的用具还没有置备完全，所以便延期了。到了这个星期，他们决定要研究电和雷。

　　晶德说："在我们城市里，生活方面电的应用，是很普通很平常的事了。电灯、电铃、电话、电报，许多东西，都是利用电所形成……"

　　明德不等说完，便说："空中的电，和我们平常生活中用的电是不是相同的呢？有没有人试验过这件事呢？"

　　晶德说："在这里有一项很著名的试验。富兰克林（帮助华盛顿建立美国的功臣）曾经用一只绢制的

风筝，上面装着尖锐的铁丝来传电；在大雷雨的时候，麻绳湿了，也能传电；再用干燥的丝巾，拿住那条湿绳，使人不会受到雷击；再用钥匙缚在绳的下端，同蓄电池相连，天空中闪电时，电就沿着湿线，走入瓶中，于是证明空中的电，同我们实用的电是一样的。"

明德听了发呆："这倒是一个大发明呢！"

晶德说："夏天雷雨的时候，天空中可以看见很光亮的火花，那便是'电'；又听见隆隆的声音，那

便是'雷'。电和雷，是同时产生的。"

明德说："空中的电和雷是怎样形成的呢？"

晶德说："我要把电的形成原因，先同你讲一下。凡是用两种东西互相摩擦，都能够发出电来。这东西既然发了电，就叫做'带电体'。我们用很轻的东西，放在带电体的近旁，它就能够把轻的东西吸引上去。

"物体有两种性质：一种是容易传电的，像金属和我们人体等；一种是不容易传电的，像玻璃和火漆等。有时我们用两只手摩擦，会发生一种硫味，但是不会发出电来。"

明德说："这是什么缘故呢？"

晶德说："就因为人体是容易传电的，这电一面发出，一面早已散失了。倘若我们用绢摩擦玻璃棒，或用毛皮摩擦火漆棒，因为那些东西都是不容易传电的，所以他们发电以后，不容易散失，能够吸引轻的东西。容易传电的东西，叫做'传电体'；不容易传电的东西，叫做'绝电体'。

"电可分成两种：一种是'阳电'（简写'＋'号），一种是'阴电'（简写'－'号）。例如上面讲的，玻璃棒上发的是阳电，火漆棒上发的是阴电，这两种电的性质，大不相同。我们用很轻的东西（例如通草做的球），同带阳电的玻璃棒相近，通草球就给它吸引；球上传到了阳电，就同玻璃棒分开了。因为阳电和阳电是互相抗拒的。倘若这时用带阴电的火漆棒同通草球相近，就会再吸引起来。因为阳电和阴电是相互吸引的。'同性相拒，异性相吸'，是电的一个很紧要的定理。

"上面讲的两种东西互相摩擦，便会发电，这叫'摩擦电'。但是我们拿一根铜条，放在玻璃瓶上，再拿一个带阳电的玻璃棒，放近铜条的一端，不要碰到，这时铜条上也会发电，这叫'感应电'。不过铜条上发的电，近玻璃棒一端是阴电，那一端是阳电。（要是用带阴电的火漆棒放近铜条，便近的一端发阳电，那端发阴电。）倘若把玻璃棒拿掉，那时铜条上的阳电和阴电就'中和'，电就消失了。"

晶德一面讲，一面用铅笔在纸头上，画成一个

简单明白的图，给明德看。同时讲道："倘若把带阳电的玻璃棒和铜条格外相近，这时玻璃棒上的阳电和铜条上的阴电，虽然没有接触，但是也会透过中间的空气，中和起来，这叫'放电'。放电以后，铜条上便只有阳电了。要是两边积蓄的电很多，那么放电的时候，就会发出火花来，还有啪啪的声音。"

晶德讲了许多的话，明德听着，毫无倦意，反觉津津有味。他问道："关于电的情形，给哥哥一讲，什么带电体，什么传电体和绝电体，什么阳电和阴电，什么摩擦电和感应电，什么中和，什么放电，我都很明白了。现在可以讲天空中的电和雷了。"

晶德说："很好。夏天天气很热，地面上的水，很容易蒸发，化成气体，混在空气中上升。这上升的水蒸气，同地面上的山岳岩石等许多东西，互相摩擦，便也要发生'摩擦电'。这时地球发的是'阴电'，水蒸气发的是'阳电'，不过电很微弱罢了。后来水蒸气凝结起来，变成了云，体积缩小，电也愈聚愈多。因为有的带了阳电，行近别的云，别的云便发生'感应电'。别的云一端发生阴电，那端发生阳电。这样彼此互相感应，便都成了'带电体'了。

"忽然两云很接近，所带的阴阳两电，就'放电'而'中和'。它发生光亮的火花，便是我们看见的'电光'；它发出隆隆的声音，便是我们听见的'雷声'。

"光的速率比声的速率大得多，所以总是先看见闪电，后听到雷声。根据电光和雷声相差的程度，可以推测天空中放电的云和我们距离的远近。就是见电光后好久才闻雷声，那是很远的；电光后紧接雷声，那便是很近的。有时见电光后不闻雷声，是因为雷声在空中消失了；见电光后重复闻到雷声，是雷声在云中多次屈折的缘故，正同回声的理由一样。"

　　明德说："为什么会'触电'呢？"

　　晶德说："空中的电，也能使近它的地面发生'感应电'。有时云和地面'放电'的时候，倘若地面上有高的屋和大的树，因为高出地面，电就从它通过，这物体对于电是有阻碍的，所以常常震动而致破坏，或者发热燃烧起来。我们人类和动物，因为是'传电体'，很容易给电通过，于是失掉知觉，'触电'而死了！"

　　明德说："那么怎样能够预防呢？"

　　晶德说："当雷雨时，我们要避免触电，只要不站立在高山、高塔或别的很高的地方上。大的树或高的墙下面，也切不可站着。不要穿湿的衣服。手里勿拿巨大的金属东西。这样就可以避掉触电了。房屋可以装置'避雷针'，用金属的杆放在屋顶上，下端用粗的铜丝连接，埋入地中湿土里，这样房屋也不至毁坏了。"

　　明德说："我们等爸爸回来了，也要去装置一个才好。"

晶德点着头。并且他们决定下星
期研究"云和雨"。

避雷针

电线

电
线

十　云和雨

本星期研究云和雨。

因为暑假已经开始，昌德和静莲也都能来参加研究。

明德说："云和雨究竟是从什么东西变成的？"

昌德回答说："是从水蒸气变成的。"

明德又问道："水蒸气又从什么东西变成的？"

昌德回答说："是从水变成的。"

晶德接着说："回答得很对。水这样东西，是我们一刻都不能离开它的。动物没有水喝，就要渴死；植物没有水浇，就要干死；在水里的动植物，没有了水，更不能生活。我们人类同水的关系，更加密切，我们细细想一想，真是说不尽许多。地球上的陆地，不过占三分之一，水倒占了三分之二，你想水的势

力，多么大呢！

"我们日常看见和应用的水，倘若是很清洁的，一定是没有颜色，也没有臭味；透明而很流动。大家看惯了，一定以为水没有什么稀奇，但是细细研究，就可以知道它能够升上天空，就是现在要研究的水蒸气；也能够贮在地里，井水就是从地下来的；有时能够变作轻浮细小到看不见的水蒸气，有时也能够变作坚硬牢固的冰。它的变化，真是多极了。现在我们要研究的云和雨，就是水所变化的啊！"

静莲问道："水蒸气是怎样的呢？"

晶德说："我们把水放在锅子里一烧，就会沸腾起来，水也慢慢地少起来了。地面上的水，我们并没有把它烧，但是给太阳一晒，给风一吹，也会渐渐地干起来。锅子里的水和地面上的水，并不是消失掉，是因为它已经变成一种很细很轻、无色透明的气，我们目力所看不见的，混合在空气里，升到天空中去了。这种气，就是水蒸气，或者叫做'汽'。

"水化了目不能见的水蒸气，上升天空，后来到了高处，空气渐冷，水蒸气就变成一种很细微的水点，这时已经从气体回复到液体，不过很小很轻罢了。这种微细的水点，附着在微尘上面，浮游高处，这就是'云'。有时云行近地面，就叫做'雾'。其实云和雾是一种东西，都是水蒸气化成的微细的水点，不过一在空中，一近地面罢了。后来这种微细的水点，再遇了冷气，就由小的水点，凝合成较大的水滴；水滴大了，重量也增加了，不能像以前浮游在天空中，便纷纷地落下来，这就是'雨'。"

明德对静莲说："这么一讲，云和雨的成因，都很明白了。"

晶德说："为要更明白这个道理，我可以做一个有趣的试验给你们看。"他便把水放在壶里，用火烧着，水就沸腾起来，变成气体，从壶口里吐出来。"我们在近壶口大约一二寸的地方，只听见一种出气的声音，看不见东西，这里就是目不能见的水蒸气。一二寸以上，就有一团白色的东西，这就是水蒸气遇冷凝成的微细的水点，好比是天空中的'云'和'雾'。"一面再用一只冷杯子，罩在壶口的上面。"现在使白色微细的水点碰住，遇到了杯子的冷，微细的水点就会凝合成较大的水滴，因为重量增加，你看，不是一滴一滴掉下来了吗？这好比天空中落下来的'雨'了。"

明德说："天空中的云，不一定会下雨，是到哪里去了呢？"

晶德说："云给风吹了，忽东忽西，漂泊无定。有时再给日光晒着，仍化成水蒸气，再混在空中，那时便不见了。"

静莲说："为什么雾在早晨最多呢？有时雾弥漫着，天就下雨；有时雾散了，太阳一出，天气又晴了。这什么缘故呢？"

晶德说："天明时接近地面的空气很冷，所以水蒸气很容易变雾；有时给日光晒了，仍化成水蒸气，混在空中，雾便散了。"

昌德说："常见的云，可以分成几类，是不是呢？"

晶德说："是的，大约可以分成四类：

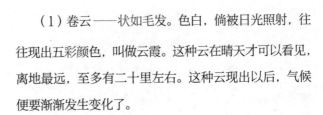

（1）卷云——状如毛发。色白，倘被日光照射，往往现出五彩颜色，叫做云霞。这种云在晴天才可以看见，离地最远，至多有二十里左右。这种云现出以后，气候便要渐渐发生变化了。

（2）层云——浮在空中时，状如薄云，片片并列；接近地面时，状如横带，条条平行。这种云从卷云集合而成，离地比卷云近。往往在晴天的早晨或将夜的时候，才能看见。有时这种云在太阳的周围，环成一个灰白色的圆圈，那便是将要起风或是下雨的预兆。

（3）积云——形状有时像堆积的棉花，有时像假山，有时像鱼鳞、人物，千变万化，很是好看。并且在各种云中，最是美丽。这种云浮在空中，比卷云和层云稍低。每每在将夜时出现，夏季最多；下雨前后常常有电在它里面放出，是一种奇景。

（4）雨雪——没有一定的形状，又叫乱云；颜色灰白，布满天空。这种云离地最近时，只有数丈而已。如果出现，每致下雨；在冬季寒冷时出现，便是降雪的预兆。"

昌德听着说道："云有这些种类，以后随时留心观察，却是很有趣的。有时还可以预测气候，真是有趣。"

明德说："在五六月时候，空气潮湿，往往连日下雨，叫做梅雨。这两天还在梅雨期内，还要常常下

雨呢。这究竟为了什么缘故？"

晶德说："这是因为长江上流，发生很低的气压；于是海面上的潮湿空气，向长江上流流去补充，所以便特别多雨了。"

昌德说："有的年份，也会不大下雨，形成干黄梅节，为什么呢？"

晶德说："若是长江上流的气压，并不减低，那么在梅雨时期，降雨就少了。本来空气里面，水蒸气时有增减：有时加多，便觉空气潮湿；有时减少，便觉空气干燥。这完全是根据水蒸气的多少，才发生不同的现象。"

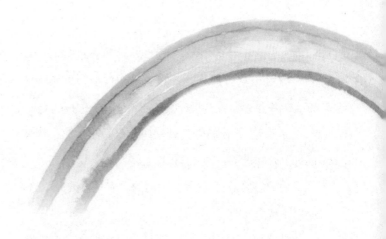

十一　虹

　　夏天雨后初晴，太阳光从云隙中透出，在空中出现了一条虹，是一个半圆形的光带，有许多颜色，很是美丽。

　　明德和晶德正搬着藤椅和藤榻到庭中来纳凉，雨后的黄昏，更觉得空气清新鲜美。明德把虹的颜色，细细观察，共有红、橙、黄、绿、青、蓝、紫七种颜色，美丽耀目，心上很是欢喜。

　　静兰也出来了。她道："我想我们不要叫它虹，另外给它一个名称，就叫'最美丽的天桥'，不是很合宜吗？"

　　明德拍手赞成，道："只可惜它不是真的桥，要是真的有这样一顶桥，我想小朋友们没有一个不希望去试着登一登呢！"

静兰和晶德都笑着，明德还仰首望着天空中的虹。"虹不是桥，究竟是什么东西？怎样会形成的呢？"

　　晶德说："我们今天就来研究虹。小弟弟，我要问你：光的进行，是怎样的呢？"

　　明德急着道："这是我知道的。光是直线进行的，所以叫做'光线'。"

　　晶德说："说得很对。不过光一定要在同样的物体中间，密疏一样，才会直线进行，不变方向。好像光在同一空气中进行，空气的疏密是一样的，所以光能直线进行，不会改变方向。倘若光线透过的物体，疏密不同，那就要发生一种'折光'的现象。像光在空气中进行是直线的，倘若这光射到一块厚玻璃上，因为玻璃是透明的，所以光也能够透过去；不过玻璃的质地，比较空气来得密，所以光线透过时，必定在疏密交界的地方，被折而变换方向；等到光线从玻璃射出空气，又因为空气比玻璃的质地疏，在疏密交界的地方，进行的方向又不同了。所以光线在空气中进行的方向，和玻璃中进行的方向，因为疏密关系，是不同的，这叫做'折光'。"

　　静兰说："在日常生活中，'折光'的现象，是很容易看到的。我们用厚玻璃放在书上，字就好像浮起来些。用竹筷斜插在水中，筷就好像折断的样子。"

　　晶德说："是的。还有，河水很清，可以看见它

的底，但是我们所见的水底，比较真的水底要浅；有时在水中取物，用手去拿，常常拿不到，物件还要在下面，也是这个缘故。这都是'折光'的现象。

　　"再有一个很有趣的试验：我们用一个铜元，放在碗里的中心，用眼睛看好铜元，向后退走，等到铜元看不见的时候，便立定在那里；后来用水注入碗里，再立在原处，本来已经看不见铜元了，到这时仍旧可以看得见铜元。这就是因为有了水，发生'折光'现象的缘故。

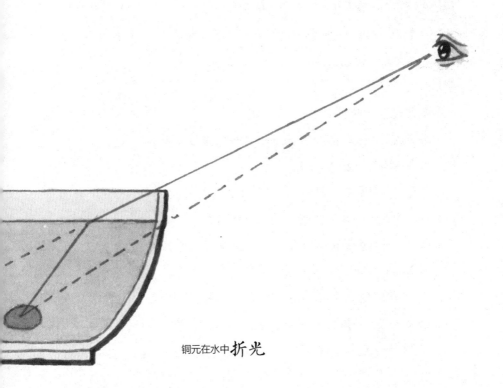

铜元在水中**折光**

"总之，'折光'现象，是很容易看得见的。只要明白了上面所讲的道理，随时留心，是常常可以遇到的。"

　　明德点着头："等会儿我们回到屋里，一定要来做这个有趣的试验。"

　　晶德说："还有呢，也是一个很有趣的试验。倘若我们用一块三角形玻璃的三棱镜，使太阳光透过三棱镜，射在壁上，那时壁上就映着一条光带，有红、橙、黄、绿、青、蓝、紫七种颜色，依次排列，真是美丽极了。这就是太阳光透过三棱镜，因为空气和玻璃的密疏不同，就发生'折光'的现象。"

　　明德说："我们用的厚玻璃的镜子，四边也呈三角形，给太阳光透过，也会形成一条七色的光带，射了出来呢。"

　　晶德说："对的。"

　　明德说："但是太阳光是白的，为什么透过三棱镜，就会变成七种颜色呢？"

　　晶德说："其实太阳的白光，是由七种颜色混合形成的。倘若我们拿这七种颜色的纸头，贴在一个圆形的牌上，把圆牌很快地转动，就会变成白色。因为这七种颜色，它们的屈折率是不同的；所以折光以后，不会变成白色，却变成七色了。紫色屈折最大，因此最高；红色屈折最小，因此最低；其余橙、黄、绿、青、蓝五种颜色，可以依次类推。"

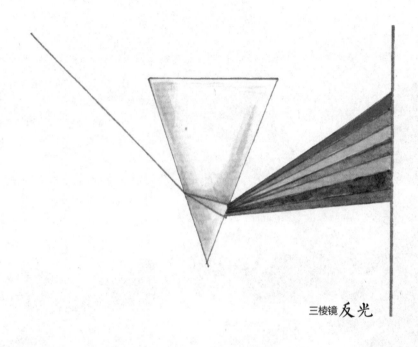

三棱镜 反光

　　明德听得很有兴味，道："上面讲了许多'折光'的话，我都很明白，想来夏季雨后看见的虹，一定也是'折光'的现象了？"

　　晶德说："很对。因为雨后空中的水蒸气很多，太阳光射进水蒸气，也就会发生'折光'的现象，也会把太阳光中七种颜色屈折出来，变成一条半圆形十分美丽的虹，它的道理同太阳光透过三棱镜发生七色光带是一样的。也是因为空气和水蒸气的疏密不同，才发生'折光'的现象罢了。

　　"平常看见的虹，都只有一条，叫做'单虹'，这因为光线在水蒸气中屈折后，只反射一次；有时反射两次，就会有两条虹，互相重叠，叫做'双虹'。不过第二条虹，因为多经一次的反射，所以它的光比第一条虹来得弱，并且第二条虹的色相，完全同第一条虹相反，恰巧是一个颠倒。"

　　明德说："双虹我倒还没有看见。有时，要请哥哥指给我看。"一面说着，一面要跑回屋里去做铜元在水中屈折的试验。

　　晶德说："天空中的虹，是要在雨后才可以看见。这里我可以教你一个好方法，只要有太阳光的时候，都可以形成一条虹。只要口含清水，背着太阳光用力向空中一喷，使喷的细点好像雾的样子，那时太阳光给它屈折，也能现出七种颜色，同天空中真的虹相同，十分好玩。这可叫它是人造虹呢！"

　　明德快活得跳着："回到屋里去一同来试验，真有趣！"

　　他们进去的时候，母亲告诉他们：父亲暑假要回来了，大约有一个月的耽搁。他们听了这个消息，更加快乐得手舞足蹈了。

十二　太阳

明德和晶德的父亲，趁暑假期回家来了。

他在大学里担任讲师，教授自然科学，对于天文方面，有精深的研究，学生们都很钦佩他。教务以外，在大学里还担任些职务，暑假回来，大约有一个月的耽搁。

父亲回来了，大家都很欢喜，叔叔也常来谈谈。昌德和静莲几乎天天过来，温温功课，讲讲故事，暑假里的生活，很是圆满幸福。父亲看见他们用功好学，快乐活泼，更因富于研究新奇事物，心上自然很觉满意。

夏季的太阳是很厉害的。明德常常想：夏天的雷雨，是地面上的水，给太阳晒了，变成水蒸气，再遇到冷，才凝成雨的。夏天的凉风，是空气受了太阳的热，热气上升，冷气便来补充，才变成风的。他想，太阳能够造成雨和风，它的能力真是伟大。

明德要请父亲讲些太阳方面的知识。父亲想，就把最浅近的同他们研究一下。

明德说："爸爸，太阳看上去很小，究竟有多大呢？"

爸爸说："我们看见的太阳只有同圆形的小镜子一般大，就是早晨也不过同面盆一般大，真是小极了。其实呢，这话大大讲错了。我们住的地球，不是有七大洲和四大洋，已十分大了吗？但是，太阳的直径，比地球的直径，还要大一百零九倍呢！它的全体，要比地球大一百三十一万倍。所以太阳之大，倘若你想一下，真是大得可惊呀！太阳和我们住的地球，实在因为离开得太远，有二万六千八百六十二万里，所以看去自然就很小很小了。"

明德说："太阳的光热，这么厉害。太阳究竟是怎样的一个东西呢？"

爸爸说："太阳同地球一样，也是一个圆球，这个你们都知道。但是太阳不像地球一样是一个固体的球，它实在是一个很大很大并且一直流动的火球，面上包着极热极热的气体。不论什么东西，放进里面，

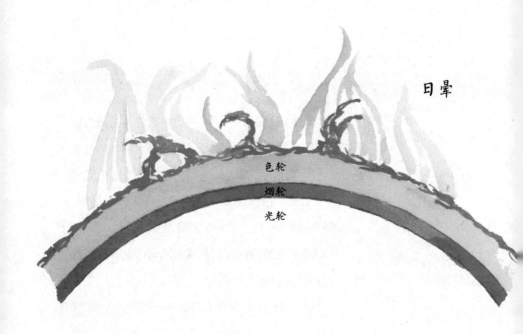

日晕

色轮

烟轮

光轮

没有不立刻变成气体的。有人曾精密计算过，太阳面上的热度，大约终在摄氏寒暑表五百度到七千度中间，真是热得可惊啊！它所发的光很强，传到我们地球上来，虽隔二万万多里的距离，也只要八分十八秒的时间，真是快得可惊啊！"

晶德说："爸爸，我在书上看见过，太阳上有光耀的火焰和黑色的斑点，究竟是怎样的呢？"

爸爸说："太阳面上，包围着好几层的'气层'，在最外的一层，是红色的，像火焰一般，好似波浪的忽高忽低，简直可以称它是火海，真是一种奇观。这种火焰，或叫'日珥'。有时向上升去，力量很大，有一次竟升到一百几十万里高。它的形状，像一个柱，比地球的直径还要大四五倍，真是大得可惊啊！

"太阳面上，还有许多黑色的斑点，叫做'日斑'。这种黑斑，有的人说是很深的凹洞，有的人说是很大的旋涡，现在还不能断定。最奇怪的，就是这种日斑出现的数目，会慢慢地增加到最多数，再慢慢地退到最少数。据最近研究，说日斑的多少，于地球上气候的冷暖，是很有关系的。有的人说日斑的大，竟可以在它的凹洞内容纳一个地球，真是大得可惊啊！"

　　明德抢着道："'日珥'和'日斑'，有没有方法可以看见呢？"

　　爸爸说："倘若我们用很大的红色望远镜去窥看，就能够把太阳上的'日珥'和'日斑'看得很清楚了。"

　　静莲说："伯伯，太阳的光，听说是七色合成的，对不对呢？"

　　爸爸说："太阳的光，是从红、橙、黄、绿、青、蓝、紫七种颜色，合成一种白色的。雨后的虹，就是因为太阳透过空中细水滴屈折成的。我们用三棱镜试验，就能看见。或者把这七种颜色的纸，剪成七块，贴在圆木板上，试验时把圆木板很急地转动，就会变成一种白色。这两个试验，可以证明太阳光是从七色合成的。"

　　明德说："以前我们研究虹，晶德哥哥已经讲过了；静莲妹妹没有来，所以没有听见。"

　　爸爸听了，点着头。一面道："我们看见太阳，

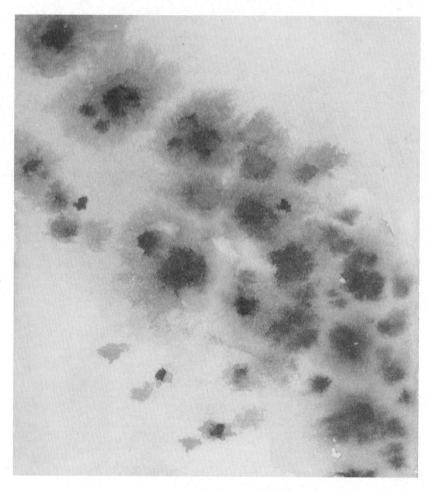

日斑

早上从东边出来，晚上从西边落下，有的人便以为太阳是绕着我们住的地球转的，这是大错了。太阳是不会动的，它一天到晚，只在天空中固定的位置上，地球才绕着它不停地转动呢。地球自己转一圈是一天，绕着太阳转一圈是一年。太阳和地球都是'星球'，不过太阳永远在一定的位置上，所以叫做'恒星'；地球绕着太阳不停地转动，所以叫做'行星'。太阳有很大的引力，能把地球吸引住，绕着它不停地转动。不过太阳不仅吸引一个地球，还有水星、金星、火星、木星、土星、天王星、海王星七个行星，都给它吸引住。这七个和地球便成八大行星，都绕着太阳，不停地转动着，合称'太阳系'。最近又发现了一个新行星，叫做'冥王星'，在最外的一圈，所以太阳系的范围，比以前来得扩大了。"

明德说："照爸爸所讲的，太阳的体积，光热和能力等等，都是十分地伟大。它能造成狂风暴雨，真是厉害！"

昌德说："但是，温和的风和适宜的雨，对于人类是不可缺少的啊！"

爸爸说："何止这些呢。要是人类没有了太阳，可说是一刻不能生存的。地球自转一周，朝太阳一面是白昼，背太阳一面是黑夜；没有了太阳，就没有白天，只有黑夜了。

"地球一面自转，一面绕着太阳公转。因为地球对于太阳的位置，时时变动，便分出春夏秋冬四季来。四季中气候的寒暖和昼夜的长短，也各有不同。太阳光线直射在地球赤道左右，南北两半球气候温和，昼夜长短相仿，这便是春季和秋季。太阳光线直射北半球，北半球就觉得气候炎热，昼长夜短，这便是夏季。太阳光线直射南半球，北半球就觉得气候寒冷，昼短夜长，这便是冬季。所以一年四季的形成，完全是因着太阳而来的。

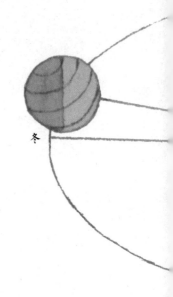

冬

"人类和动物的食料，推算到最后，终是植物供给的。植物因为有叶绿素，所以自己会制造养料；但是一定要在太阳光中，才能制成。没有了太阳光，植物就不能制造养料，人类到哪里去得到食料呢？其余我们穿着的衣服，居住的木材，哪一样不要植物供给我们？没有了太阳光，我们住的地球，就要变成一个黑漆漆冷冰冰的地球，不要说植物和动物不能生存，就是我们人类也早已绝灭了！"

明德、静莲都很明白，昌德、晶德也增加了不少的知识。

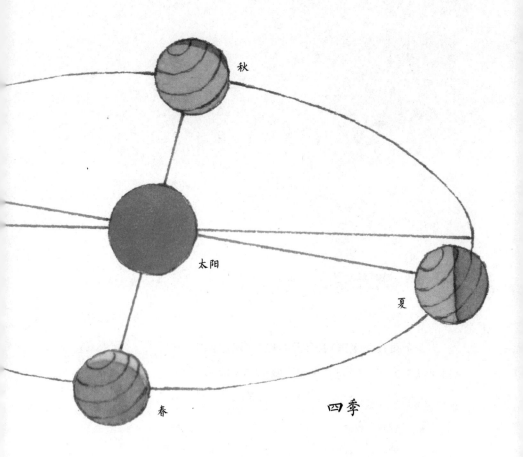

秋

太阳

夏

春

四季

十三　满天星

　　一个夏夜，大家在庭园里乘凉。明德抬头一看，只见满天的星，闪闪发光，好像挂着无数的小明灯。夏夜观察天上无数的星斗，是最有趣味的一件事。

　　明德说："爸爸，上次研究了太阳，知道它是永远在天空中一定的位置上不移动的，所以叫做恒星，恒星都是自己会发光又会放热的。我们晚上看见满天的星，是不是都是恒星？"

　　爸爸说："我们晚上看见满天的星。它们在天空中的位置，也是永远不移动的，所以都是恒星。"

明德说："这许多恒星，虽然看不见它们有一个或两个会移动位置，但是我们在纳凉时候，倘若常常去注意它，就可以发现满天的星，全体都会自东向西行的。这不是它们的位置，都移动了吗？"

爸爸说："这不是许多恒星在那里移动位置，是因为我们住的地球，自己在那里旋转的缘故。我们看见满天的星，自东向西地行，正同太阳东面出来西面落下像自己行着的一样。"

明德说："这么一讲，我却明白了。我们住的地球，因为给太阳吸引住，绕着它不停地旋转，所以叫做行星。行星是不是自己都不会发光放热的？"

爸爸说："行星自己都不会发光放热，不过受了太阳的光，把它反射出来罢了。"

明德说："在太阳系里的八大行星（除去最近发现的冥王星）是不是都绕着太阳，依了一定的轨道，在那里慢慢地转动的？"

爸爸说："是的。八大行星中，最近太阳的是水星，其次是金星，再其次是我们住的地球，地球外面是火星、木星、土星、天王星，最远的是海王星。在火星和木星的中间，还有许多许多的小行星，据说共有六百多个呢。这八大行星，都是绕着太阳旋转的。

明德说："八大行星的大小，是不是相同的呢？"

爸爸说："它们的大小，是各各不同的。最大的是木星，它的直径要比地球的直径大十一倍；其次是土星，再次就是海王星、天王星，地球占第五位，再次是金星、火星；最小的是水星，它的直径只有地球直径的三分之一多些。"

明德说："这样说来，它们大小的相差，倒很大呢。地球环绕太阳一圈的时间，是三百六十五天多些，其余七大行星，环绕太阳一圈的时间，是不是相同的？"

爸爸说："也是不同的。近太阳的时间短，远太阳的时间长：水星因为同太阳最近，大约只有八十八天就行一圈；海王星因为同太阳最远，大概要隔一百六十五年，才能行一圈呢。水星和天王星、海王星，因为一个最近，二个最远，所以我们目力都是不容易看得见的。"

明德说："我们看见天空中的星，几乎都是恒星，行星是很少很少的。我们抬头看见无数的恒星，是不是都同太阳一样的呢？"

爸爸说："是的。太阳不过是恒星中的一个，因为我们同它很近，所以看去就很大，它放射到地球上的光热，也很厉害。天空中许多恒星，都同太阳一样，有的还要比太阳大不知多少倍呢！它们离开我们地球都是很远很远的，最近的也不知道有多少万万里远，所以看去自然很小，发的光自然也闪烁不定了。我们

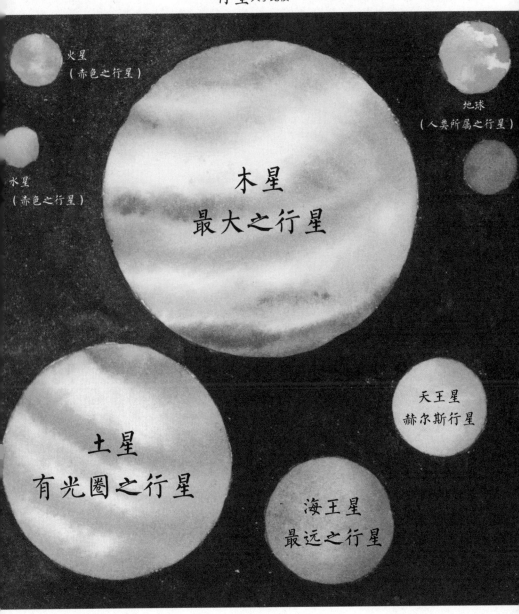

火星
（赤色之行星）

地球
（人类所属之行星）

水星
（赤色之行星）

木星
最大之行星

土星
有光圈之行星

天王星
赫尔斯行星

海王星
最远之行星

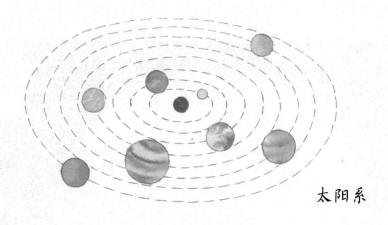

太阳系

看见的天河，其实就是不知多少的小恒星，聚成一条，也因为同我们地球离开得太远了，光亮就更加微弱，看去只像一条白光，不能辨别出一个一个了。

"天空中的恒星，它们都是闪闪发光，不过它的明暗也是大不相同的；有的发光很淡，颜色是白的；有的发光稍弱，颜色是黄的；有的发光最弱，颜色是红的。它的热度，也可以从它光的强弱上分别出来：白的最热，黄的稍弱，红的最弱。有许多天文家，依恒星发光的强弱，把它分成许多等级：最亮的称一等星，其次是二等星，再次是三等星，依次下去，分到十七等。不过我们的目力，到六等星已经看得很模糊了。那么这些星的等级，怎样会分到十七等呢？这是全靠望远镜的力量。如果用最完备的大望远镜去观察

天河

107

天文台四十吋口径的**光镜**

天空，就是发光极弱我们看不见的星，也可以看得很清楚。世界上最大的天文望远镜，要推美国加利福尼亚州威尔逊山天文台上的了。它的口径，竟有一百寸大哩！"

明德说："我们看见的月球，是不是行星呢？"

爸爸说："因为我们地球绕着太阳旋转，月球又绕着我们地球旋转，特称'卫星'。卫星同行星一样，也不能发光，不过把太阳光反射罢了。八大行星的周围，除掉水星和金星以外，都有卫星，数目各各不同。地球的卫星只有一个，就是月亮；其余海王星有一个，火星有二个，天王星有四个，木星有八个，土星有十个，外面还有一个光圈环住它呢。"

晶德也问："天空中的恒星，究竟有多少呢？"

爸爸说："据天文家精密地推算，大约有二十万万到三十万万的数目，这些星都同太阳一般，你想惊讶不惊讶呢！天文家还说我们太阳系的大，倘使在最外的海王星的轨道上，从这端放一个炮弹到那端，炮弹是射得很快的，也要五百年才能达到。倘若把这炮弹放到太阳系外的恒星上去，就是离开我们最近的一个恒星，至少也要几百万年。至于满布这二三十万万恒星的全宇宙，它的大就是用'光'从这边射到那边，任凭光的速度快得在一秒钟里能行十八万六千里路，也要行五万年才能达到。倘若把五万年一共行的路，计算一下，真是可惊呀！你们听了，不是要把它当作神话吗？但是，你们将来倘若自己去研究天文学，可惊的奇闻还正多着呢！"

明德听得出神，晶德也觉得很是新奇。

爸爸说："满天的星斗，还有着种种不同的名称，每种名称不同的星，还有着很有趣味的故事，以后我再同你们讲吧！"

明德希望父亲早些把故事讲给他们听。晶德要向父亲借几本天文学书研究研究，可以知道些天文方面的新知识。